LA
CHASSE
Dans tous les
PAYS

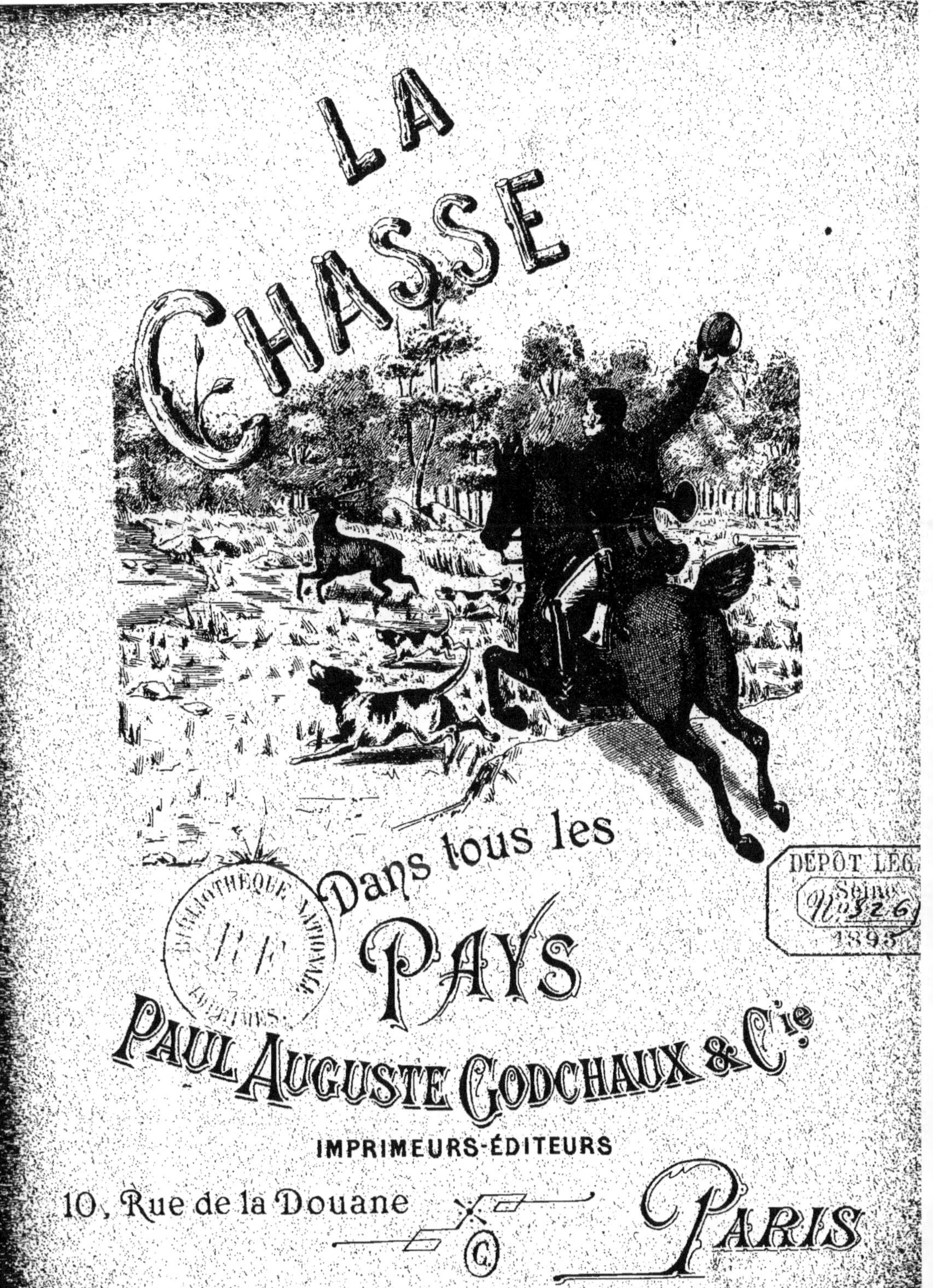

LA CHASSE
Dans tous les PAYS
PAUL AUGUSTE GODCHAUX & Cie
IMPRIMEURS-ÉDITEURS
10, Rue de la Douane
PARIS

Le petit Louis a reçu de son
père l'autorisation d'accompagner
Guillaume, le garde-chasse qui va fure-
ter des lapins

Chaque fois que le lapin — pourchassé par
le furet que Guillaume a placé dans le terrier —
arrive se jeter dans le filet qui garnit l'ouverture,
Louis pousse un cri de triomphe; tandis que Ravageau,
le basset du garde, attaché à un arbre, regarde avec
envie le lapin débouler.

Trois lapins sont déjà pris ! Et ce n'est pas fini !

Ce terrier en est plein et Guillaume ne rentrera qu'avec sa demi-douzaine

LA CHASSE AU LAPIN DE GARENNE

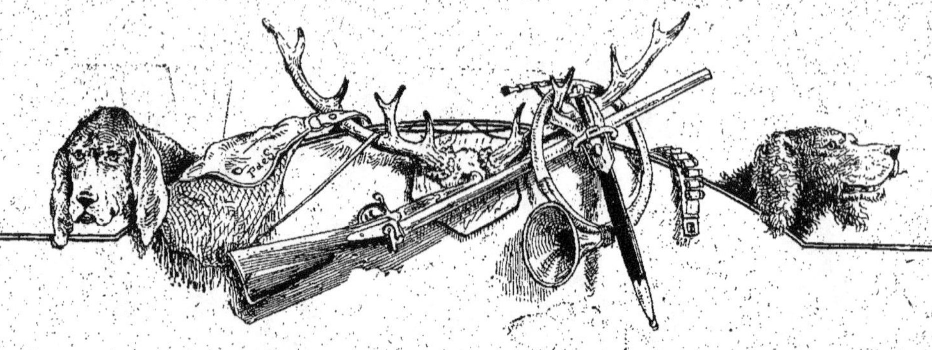

LE LAPIN DE GARENNE

Petit rongeur dans le genre du lièvre, mais plus petit que lui, le lapin est très commun dans les bois de France. Il se reproduit avec une grande rapidité.

Le lapin de garenne est d'un gris vif avec le ventre blanc.

Il ne vit pas beaucoup en plaine, n'y faisant que de courtes apparitions au cours desquelles il est la plaie des champs et des vergers.

Il se plaît de préférence au bois, dans les genêts ; et une des différences notables qui le séparent du lièvre, c'est qu'il creuse pour s'abriter un refuge souterrain qu'on nomme *le terrier*.

Il vit pourtant beaucoup au grand jour. Il se tapit sous les herbes et, une fois installé, il n'aime pas à se déranger. Quand un chien l'arrête dans cette position, il ne part que sous le nez même du chien, et dans ce cas, il est assez difficile à tirer, car il bondit avec vitesse à travers les touffes d'herbes et les taillis.

C'est un tir réputé très difficile, et beaucoup de chasseurs, excellents tireurs sur d'autres gibiers, manquent très souvent le lapin.

On le chasse de quatre façons : au chien d'arrêt, au chien courant, au furet et en battue.

Nous venons de dire la difficulté du tir du lapin au chien d'arrêt.

Au chien courant, la chasse est plus facile et très amusante, car le lapin une fois lancé, ruse de toutes les façons, va tantôt très vite en avant, tantôt en arrière, recoupant presque les chiens.

Dans ces pérégrinations, il passe fréquemment sous le fusil des chasseurs, postés dans les petites allées du bois, et son tir est parfois assez facile. Quand on chasse dans une chasse gardée, on fait boucher les terriers alors le lapin est dehors et on se poste sur les sentiers par lesquels il revient à son refuge. On est alors absolument sûr de le tirer.

La battue est très profitable également et se pratique dans les mêmes conditions, mais si on veut être sûr de rentrer avec plusieurs lapins, on le chasse au *furet*.

Le furet est un petit animal de l'espèce des martres. Il varie du blanc au brun jaunâtre. On le met dans un sac, et on l'apporte près du terrier ; on introduit alors le furet dans le trou et on place une poche en filet à l'ouverture. Le lapin pourchassé par le furet se précipite au dehors et *boule* dans la poche où on le saisit facilement.

Cette chasse très amusante et très productive exige le silence absolu de la part des chasseurs. On peut aussi ne pas tendre de filet et tirer le lapin quand il déboule.

On doit chasser le lapin, non seulement comme gibier, mais comme animal nuisible, à cause des dégâts qu'il occasionne dans les cultures

En Australie, le lapin est devenu un tel fléau, qu'on a recours à tous les moyens, même au poison pour le détruire, et malgré tous les efforts, il se reproduit par milliers.

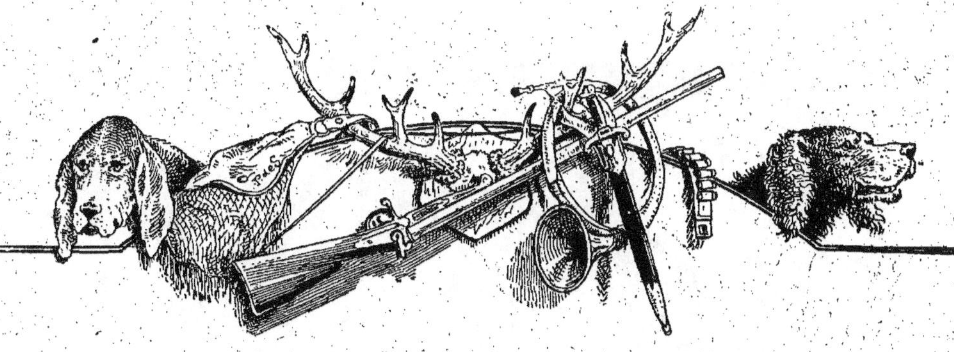

LA CHASSE AU FAISAN

Le faisan est originaire de Perse. Il fut importé en Europe du temps de l'ancienne Grèce, et s'est acclimaté. Du reste, pour en obtenir une assez grande quantité dans certaines contrées de la France, on doit recourir à l'élevage. C'est pourquoi, dans la plupart des grandes chasses, il y a une *faisanderie*, c'est-à-dire un établissement où un garde se livre à la difficile tâche d'élever de jeunes faisans qu'on lâche au bois quand ils sont aptes à se nourrir seuls.

Pourtant, dans quelques régions privilégiées de la France, on rencontre le faisan à l'état sauvage, notamment en Sologne, en Touraine et en Corse. Le faisan est un superbe oiseau ; son plumage est éclatant, ce qui ne contribue pas peu à le faire considérer comme un gibier de choix, sans préjudice de l'excellent goût de sa chair. Le coq faisan à la tête d'un vert à reflets dorés et bleus ; la poitrine est d'un brun pourpré très brillant ; la queue, très longue, est composée de plumes très élégantes de forme, et d'une couleur gris olive zébrée de bandes noires.

La femelle, qu'on nomme la poule faisane, n'a pas le brillant manteau du coq ; son plumage est d'un gris terne marqué de noir.

Outre l'espèce dont nous venons de dépeindre le plumage, et qu'on nomme le *faisan commun*, il en est une certaine quantité d'autres dues aux soins particuliers de l'élevage en domesticité : le *faisan blanc*, le *faisan Isabelle* et le *coquard*.

Il existe aussi des variétés de faisans qui ne sont pas à l'état sauvage dans les chasses de France : tels sont le *faisan de Mongolie* et le *faisan doré*. Enfin du croisement des diverses races sus-énoncées, il est résulté une grande variétés de types de faisans.

L'élevage dont nous avons parlé plus haut est très délicat : On fait couver les œufs par des poules et on élève les petits faisans avec des pâtées spéciales et des œufs de fourmis.

Les climats frais et les pays boisés sont préférés par le faisan. Si on désire attirer les faisans dans une région où l'on veut chasser, il est bon de semer quelques champs de sarrazin, dont ils sont extrêmement friands. Le jour, le faisan se tient dans les taillis et la nuit il se branche, — c'est-à-dire il se perche sur les arbres pour n'en descendre qu'à l'aube, moment où il prend son premier repos.

La chasse du faisan est très intéressante et, avec un peu de sang-froid, il est facile à tirer, car il part toujours très près du chien. Mais s'il est seulement blessé, il court très rapidement, invente mille ruses et devient très difficile à retrouver. Aussi doit-on s'attacher à avoir un très bon chien pour cette chasse. On chasse encore le faisan avec des rabatteurs. C'est la chasse la plus productive et aussi la plus employée dans les grandes propriétés des environs de Paris.

LA CHASSE AU FAISAN

Pauvre lièvre !

Lorsque le petit Paul t'a manqué à trois pas de lui dans le champ de citrouilles, tu croyais bien être sauvé et pouvoir gagner le bois.

Hélas ! le papa du petit Paul ne t'a pas manqué, lui ! et voilà Dick, le bel épagneul, qui t'apporte d'un air de triomphe.

Tu vas aller rejoindre dans la gibecière du petit Nicolas, le porte carnier, les deux perdreaux qui déjà y sont. Pauvre lièvre !

LA CHASSE AU LIÈVRE

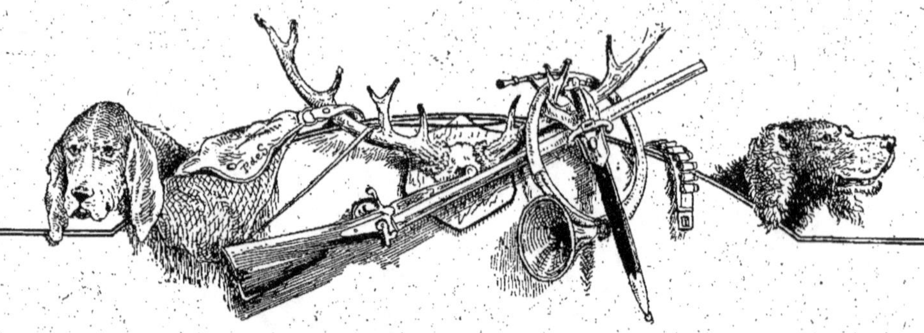

LA CHASSE AU LIÈVRE

Le lièvre est un animal de l'espèce des petits rongeurs. Il est un peu plus gros que le lapin domestique. Son pelage, très fourré, est d'un jaune gris mélangé de poils noir sur le dos, et blanc sous le ventre. L'œil est jaune d'or; les oreilles sont longues. Le lièvre est un coureur émérite; on connaît le proverbe : « *courir comme un lièvre.* »

La nature, en effet, l'a doué d'une musculature surprenante quant aux membres de derrière : c'est un véritable ressort d'acier que chacun de ses jarrets. Les pattes de derrière sont beaucoup plus longues que celles de devant; aussi fait-il des bonds inouïs et franchit-il des palissades, des haies et des ruisseaux avec une facilité qui étonne chez un animal aussi petit.

La vue du lièvre est faible ; cela tient à ce que ses yeux, placés obliquement, l'empêchent de voir dans la ligne droite; quand il franchit un obstacle, il saute de côté.

Son oreille est, au contraire, excellente. Ce grand cornet, véritable cornet acoustique, lui permet d'entendre toutes les finesses du son.

Contrairement à son confrère le lapin, le lièvre n'a pas de terrier souterrain. Il se repose au *gîte*. Le *gîte* est un endroit quelconque du sol, où le lièvre a creusé une concavité dans laquelle il s'aplatit, faisant pour ainsi dire corps avec le sol. Sa couleur terne complète l'illusion. Il faut en effet une certaine habitude de l'œil pour distinguer un lièvre au gîte ; il se confond avec le terrain environnant.

Le lièvre revient rarement au même gîte.

Il choisit généralement, avec beaucoup de jugement son gîte pour être à l'abri du vent et du froid. Il craint l'humidité et se trace, dans l'endroit où il se cantonne, des sentiers qu'il connaît à fond et qu'il prend *toujours*. Un lièvre cantonné dans une région y reste généralement longtemps, même s'il est très chassé: ce petit animal est tout à ses habitudes prises.

On peut chasser le lièvre à courre : c'est peut-être la chasse la plus intéressante, non pas au point de vue du gibier, car un lièvre, après trois ou quatre heures de cette chasse, n'est plus bon à manger ; la viande est trop échauffée mais c'est la chasse qui exige le plus de connaissances et du chasseur et des chiens.

On le chasse aussi au fusil, au chien courant et au chien d'arrêt. La chasse au chien courant, au bois et en plaine, a ceci d'attrayant c'est que, si vous connaissez bien le pays et les habitudes du lièvre dans la région, vous pouvez fréquemment tirer. On peut même tirer à plusieurs passages le même lièvre dans une même chasse, en sachant se poster aux bons endroits. La chasse du lièvre au chien d'arrêt a lieu en plaine et on tire le lièvre au déboulé à l'arrêt du chien. — Il faut le viser entre les deux oreilles quand il pique droit devant vous. En tous cas, jeunes chasseurs, rappelez-vous, pour le lièvre surtout, le vieux dicton de chasse :

Tirer haut ce qui fuit,
Tirer bas ce qui vient.

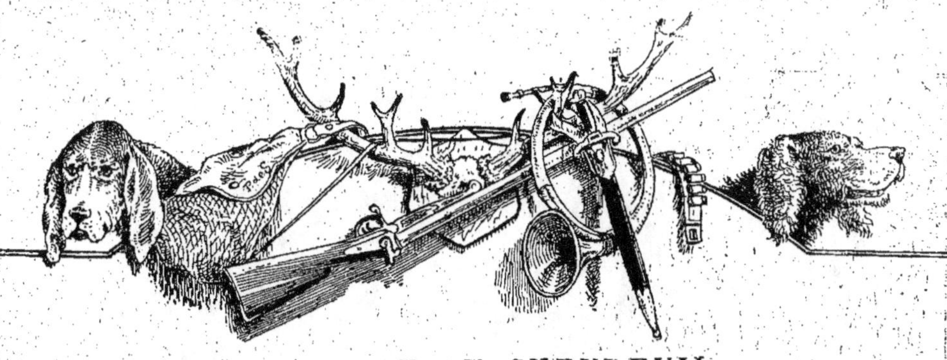

LA CHASSE AU CHEVREUIL

Le chevreuil est un des plus gracieux habitants de nos forêts. Il y en a beaucoup en France.

Plus petit que le cerf et que le daim, son pelage varie du brun au roux. Le train de derrière est marqué d'un cercle blanc. Il se nourrit de végétaux, principalement des jeunes pousses des arbres. Il mange aussi l'herbe qui pousse sous bois.

La femelle qu'on nomme la *chevrette* n'a pas de cornes, alors que le mâle en possède de fort jolies quoique courtes. Ces cornes ne poussent pas en une seule fois.

Quand le chevreuil naît, il prend le nom de *faon*.

A dix-huit mois, le *faon* commence à sentir la poussée de ses cornes. Deux proéminences se produisent sur son crâne : on le nomme alors *chevrillard*.

A deux ans, la corne a percé et est toute petite et droite.

Ces cornes, nommées *dagues*, tombent vers la fin de la deuxième année et sont remplacées par d'autres munies d'un crochet nommé *andouiller*. C'est le nombre des andouillers qui détermine l'âge du chevreuil. A deux ans passés, on l'appelle *brocart*.

Le chevreuil est un animal de famille. Il vit au fond des fourrés avec sa chevrette et ses faons. La chevrette est elle-même une mère modèle. Elle entoure ses petits de soins touchants, les cache dans des taillis impénétrables, et on la voit se dévouer pour les sauver d'un danger.

Quand un chevreuil a été chassé vigoureusement dans un bois, où il a élu domicile, et qu'il n'a pas été atteint, on peut être sûr qu'il y revient toujours.

On le chasse avec passion, car sa chair est d'une grande finesse. On peut voir du reste aux étalages des marchands de gibier, à Paris, des quantités considérables de chevreuils.

On peut forcer le chevreuil à courre. Mais pour cela il faut avoir une excellente meute, ayant une grande finesse de nez et beaucoup de pied, c'est-à-dire de vitesse. Il existe du reste en France de nombreuses meutes qui chassent admirablement le chevreuil.

Cette chasse est difficile en ce que le chevreuil a, pour déjouer les chiens, une foule de ruses en même temps que sa vitesse. On a vu des chevreuils se blottir sous le nez des chiens, derrière un tas de fagots et les mettre en défaut pendant plus d'une demi-heure ; puis une fois reposés, repartir de plus belle.

Mais la chasse à courre a toujours le défaut d'échauffer la chair du gibier qu'on poursuit ; aussi les veneurs eux-mêmes, quand ils veulent chasser le chevreuil pour le manger, le tirent au fusil comme le dessin de notre couverture le représente.

Les ruses du chevreuil sont alors les mêmes, mais comme il se fie à sa vitesse, et qu'il est poursuivi avec moins d'ardeur par des chiens moins rapides, il perd plus de temps et si le tireur sait se placer sur le parcours que le chevreuil suivra pour revenir à l'endroit où il a été lancé, il est à peu près sûr de le tirer. Quant à le tuer, c'est une question d'adresse ; mais si le chasseur vise bien, le plomb dont on se sert pour le lièvre est suffisant pour le chevreuil

LA CHASSE AU CHEVREUIL

LA CHASSE AU RENARD

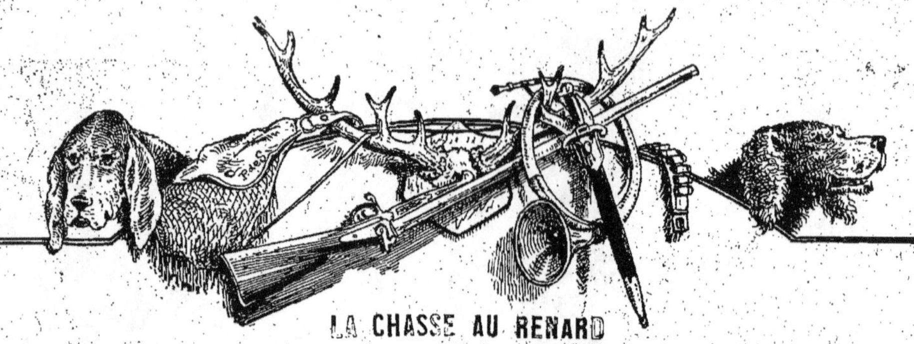

LA CHASSE AU RENARD

« C'est un renard, c'est un sournois,
« C'est le plus rusé des matois ».

C'est le refrain d'une sonnerie de chasse par laquelle on annonce le lancé du renard dans les chasses à courre.

En effet, de tous les carnassiers, le renard est le plus malin, le plus roué, le plus habile.

Sa physionomie, du reste, respire la malice ; avec son museau en pointe et ses grandes oreilles, il représente à la fois l'audace et l'impudence jointes à une méfiance sans égale.

Sa fourrure, d'un beau brun rouge, est assez estimée, mais ce n'est pas surtout à ce point de vue qu'on doit le chasser à outrance et le détruire par tous les moyens.

Le renard est, en effet, le fléau des fermes dont il dévaste les poulaillers et l'ennemi mortel du gibier dont il détruit des quantités considérables.

Il n'a pas les mêmes habitudes que le loup, son collègue en brigandage. Le renard, en effet, est un animal d'habitudes rangées ; il se cantonne dans un coin bien fourni de gibier et aussi à proximité des fermes où il sait pouvoir se ravitailler.

Il a toujours un terrier, mais il n'y habite pas d'une façon constante ; il s'en sert pour cacher ses petits, y porter sa nourriture et aussi pour se soustraire aux chiens en un cas pressant.

On chasse le renard à courre ; mais cette chasse, pour laquelle on se sert de chiens anglais dits *fox hunds*, est peu pratiquée. En tout cas, si on veut y réussir, il est indispensable de boucher tous les trous des terriers.

La chasse la plus fréquente et la plus amusante se pratique au fusil avec des chiens courants. Dans cette chasse, il ne faut pas perdre de vue que l'animal a une finesse d'odorat excessive, aussi doit-on toujours se placer à bon vent.

Sitôt levé par les chiens le renard file droit devant lui, puis commence à ruser, fait un grand cercle et revient près de l'endroit où il a été lancé. Connaissant ce détail, on n'a qu'à se bien placer et on est sûr de pouvoir le tirer.

Néanmoins, il lui arrive parfois de dépister complétement les chiens qui restent une demi-heure à chercher la voie pendant que compère le Renard rentre vivement à son terrier.

On enfume aussi le renard dans son terrier après avoir bouché toutes les issues, sauf une qu'on ne bouche que lorsque le trou est plein de fumée. Le renard vient mourir asphyxié près de l'orifice du terrier où on le retrouve le lendemain. — On peut aussi lui faire quitter son refuge en bouchant toutes les issues, sauf une, par laquelle on fait pénétrer un petit chien terrier : on tire alors l'animal au déboulé. Enfin on emploie encore le piège et l'affût.

Dans ce dernier cas, on appâte avec de la viande morte et on se place non loin de là. — Mais il ne faut pas omettre de frotter ses semelles avec la viande de l'appât sans quoi le renard vous évente et n'approche pas. Le renard se tue facilement avec du plomb à lièvre.

LA CHASSE AU SANGLIER

Cet animal, de l'espèce des *pachydermes*, est d'un naturel sauvage et brutal. Sa conformation est analogue à celle du porc domestique, mais il a le corps couvert de poils noirs et gris, drus et durs qu'on nomme les soies.

A l'encontre de son similaire domestique, il a l'oreille droite et bien ouverte. De plus, sa mâchoire est garnie de crochets tranchants et solides dirigés vers le haut : on nomme ces crochets *les défenses*. Elles constituent pour le sanglier une arme de défense redoutable ; de là leur nom.

Bien qu'il soit armé en guerre, le sanglier n'est pas d'un naturel belliqueux. Il fuit toujours l'homme et ne cherche à l'attaquer que lorsque lui-même est en grand danger.

A sa naissance on le nomme *marcassin* ; à partir du septième mois de son existence, il prend le nom de *bête rousse* ; à un an, *bête de compagnie* ; à deux ans, *ragot* ; puis *tiersan*, *quartenier* et *vieux sanglier* ; puis après cinq ans, on le dénomme *vieux solitaire*.

Le sanglier doit être non-seulement chassé pour le plaisir de la chasse et pour sa chair qui n'est pas désagréable, mais encore pour le détruire. Il cause, en effet, des dégâts sans nombre dans les champs cultivés.

Un petit nombre de sangliers suffit pour labourer, fouiller et retourner en une seule nuit un terrain de grande étendue.

C'est donc une bête nuisible qu'on doit supprimer.

Le sanglier se chasse à courre, au fusil, à la battue et à l'affût. Il existe en France de nombreuses meutes de chiens de sangliers. Les chiens qui composent ces meutes doivent avoir beaucoup d'énergie et de vitesse ; il est nécessaire que la meute soit assez nombreuse.

La chasse n'est jamais très longue ; après avoir piqué droit devant lui et s'être fait chasser une heure environ, le sanglier fatigué s'arrête, s'accule à un arbre et fait tête aux chiens. Il se défend alors avec fureur et il n'est pas rare que plusieurs de ses adversaires roulent sur le sol, le ventre ouvert d'un coup de ses défenses. On dit alors que les chiens ont été *décousus* par les sangliers, et, le terme est assez juste, car le chasseur, quand le chien n'est pas mortellement blessé, le recout pour lui conserver la vie. On a vu des chiens recousus de la sorte jusqu'à 3 fois.

Pour le chasser au fusil, les chasseurs sont postés sur la lisière du bois où le sanglier a été attaqué et on le tire au passage. Mais il n'est pas rare que, manqué une première fois, le sanglier fasse son train comme dans la chasse à courre et finisse par faire tête. On le tire alors à ce moment-là. Notre dessin représente cet épisode de la chasse du sanglier au fusil.

Pour la battue, la disposition des chasseurs est la même ; seulement les chiens sont remplacés par des rabatteurs qui chassent devant eux l'animal avec de grands cris. On tire le sanglier à balle au poitrail ou à l'œil, s'il arrive droit sur vous ; au défaut de l'épaule s'il passe en travers. — En l'atteignant ailleurs on risque fort de le manquer.

LA CHASSE AU SANGLIER

LA CHASSE AU CERF

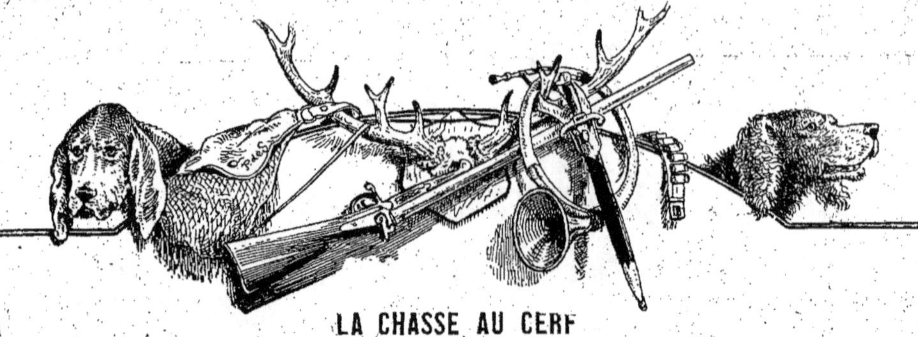

LA CHASSE AU CERF

Le cerf est le plus grand des gibiers de France. C'est un très bel animal.

Avec ses cornes superbes qu'on nomme *ses bois*, et sa démarche souple et élégante, il constitue presque un ornement des forêts. Malheureusement pour se nourrir, il cause de grands dégats aux jeunes pousses et même aux écorces tendres ; aussi l'a-t-on rangé dans la catégorie des animaux nuisibles à l'agriculture.

On compte l'âge d'un cerf par les rameaux de ses bois. Ces rameaux se nomment *andouillers ;* celui qui termine la corne se nomme selon sa forme *épois, palmure* ou *enfourchure.*

C'est ainsi que de deux ans à sept ans, le cerf prend successivement le nom de *daguet, seconde tête, jeune cerf, quatrième tête, dix cors jeunement,* puis *dix cors,* selon le nombre de ses andouillers. La biche n'a pas de ramure. Le cerf vit habituellement avec plusieurs biches, formant ainsi un troupeau qu'on nomme *harde.*

On ne chasse guère en France le cerf qu'à courre. On lance les chiens dans le carré de forêt où le cerf est cantonné. Les chiens rencontrent la voie de l'animal et le lancent. En termes de vénerie, le cerf est *mis sur pied.* Il part alors avec vitesse devant les chiens et les chasseurs suivent à cheval. La chasse du cerf dure quelquefois cinq ou six heures si l'animal est vigoureux. Il est donc utile d'avoir des chiens très solides sur la voie et très rapides comme train. Les chasseurs eux aussi devront être très bien montés s'ils veulent suivre la chasse d'assez près.

Quand le cerf commence à sentir la fatigue, il cherche un étang ou une mare, croyant retrouver des forces en rafraîchissant ses membres échauffés par la course ; c'est là une erreur qui lui est fatale : l'eau l'engourdit au contraire et paralyse ses mouvements.

Incapable de lutter il est entouré par la meute et les piqueurs arrivant, embouchent leur trompe et sonnent *l'hallali.* On abrège l'agonie du cerf en lui donnant le coup de grâce soit au couteau de chasse, soit à la carabine ; puis après avoir enlevé la tête et les membres, le piqueur donne aux chiens le ventre et le corps, c'est ce qu'on nomme *la curée.* On chasse aussi parfois le cerf en battue sur la demande de cultivateurs dont les champs sont dévastés par les cerfs trop nombreux dans le voisinage. La chair du cerf est assez bonne quoique moins fine que celle du chevreuil.

On tire le cerf soit à balle, soit avec des chevrotines, mais à la rigueur avec du gros plomb on peut le tuer si on le touche au cou ou au défaut de l'épaule.

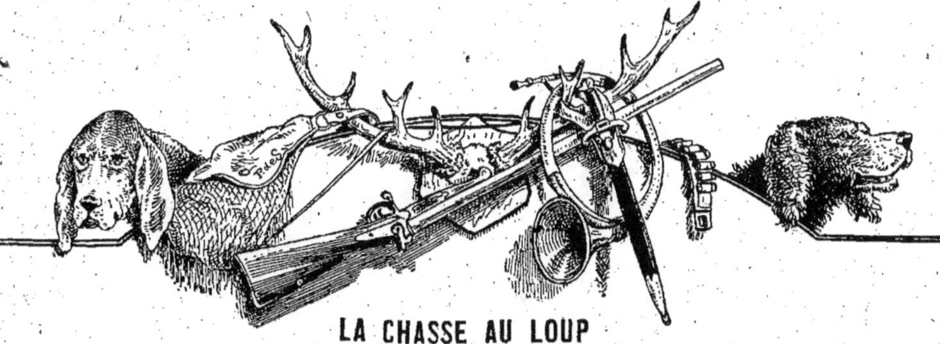

LA CHASSE AU LOUP

Le loup est le plus grand carnassier des bois de France comme taille et comme férocité.

Il a presque la conformation du chien mais plus forte comme ossature et comme muscles.

La vigueur de ses mâchoires est extraordinaire. Ses jarrets sont d'acier, ses reins sont de fer.

Doué d'une vue perçante, il a également une ouïe et un flair tout à fait supérieurs.

C'est, on le voit, un animal admirablement organisé pour la chasse.

Mais, indépendamment du gibier qu'il chasse et détruit en grande quantité, il fait aussi la guerre aux étables.

Poussé par la faim, il ose entrer dans les bergeries où il se livre à un vrai carnage de moutons.

Les cultivateurs, dans certaines contrées où le loup n'est pas rare, voient souvent leurs chiens de garde enlevés et dévorés par ce carnassier.

Bien que le fait soit relativement rare, on a vu, pendant les grands hivers, des loups pénétrer jusqu'au milieu des villages et enlever des enfants malgré les cris, malgré les coups de feu tirés par les paysans lancés à sa poursuite. On doit donc à tout prix détruire le loup. L'État, du reste, alloue une prime de 18 francs pour une louve tuée, 12 francs pour un loup et 6 francs pour un louveteau.

On chasse le loup à courre, au fusil ou en battue.

La chasse à courre, outre qu'elle exige une fortune considérable pour l'entretien d'une meute, est très difficile parce qu'il est malaisé de se procurer des chiens assez rapides et assez résistants à la fatigue.

De plus, cette chasse est extrêmement pénible. L'animal vous mène quelquefois à dix, douze ou quinze lieues de l'endroit où il a été lancé et cela aux grandes allures.

La chasse en battue est la plus pratique.

On place les tireurs en ligne sur la bordure du bois d'où les rabatteurs, à grands cris, chassent le loup. L'animal pourchassé vient passer dans l'intervalle des chasseurs qui le tirent.

Pour la chasse au fusil, on attaque le loup avec quelques bons chiens, en postant les chasseurs aux endroits probables où l'animal passera. Des tireurs à cheval devront prendre les devants, mais ils devront se placer de façon à ne pas être éventés par l'animal.

On détruit encore le loup à l'aide de pièges en fer nommés *traquenards*, mais il faut avoir soin de disposer des appâts avec habileté, car le loup sentant l'odeur humaine n'approcherait pas.

Quand on chasse à l'affût, avec un appât de bête morte, il faut prendre les mêmes précautions pour n'être pas éventé par le loup.

Dans certaines contrées, on se sert d'appâts empoisonnés, mais nous n'en conseillons pas l'usage à cause des accidents nombreux qu'ils peuvent causer, tels que l'empoisonnement des chiens. La peau du loup est estimée; la fourrure est d'un fauve clair mêlé de noir.

LA CHASSE AU LOUP

L'Ours, rendu terrible par le combat, ne s'occupe plus des molosses qui le harcèlent. Déjà il en avait tué un, mais à la vue du chasseur, il dédaigne les autres dogues et se tourne vers l'homme. Celui-ci n'en est certainement pas à son coup d'essai pour cette chasse dangereuse, car il s'est approché presque à bout portant pour tirer l'énorme animal. Si sa main tremblait, si sa vue se troublait, c'en serait fait de lui ; ce n'est plus lui qui attaquerait, il devrait se défendre avec son couteau de chasse, et qui sait s'il sortirait vivant d'une pareille lutte. — Heureusement, l'autre chasseur apparaît derrière la roche pour secourir son ami, le cas échéant.

LA CHASSE A L'OURS

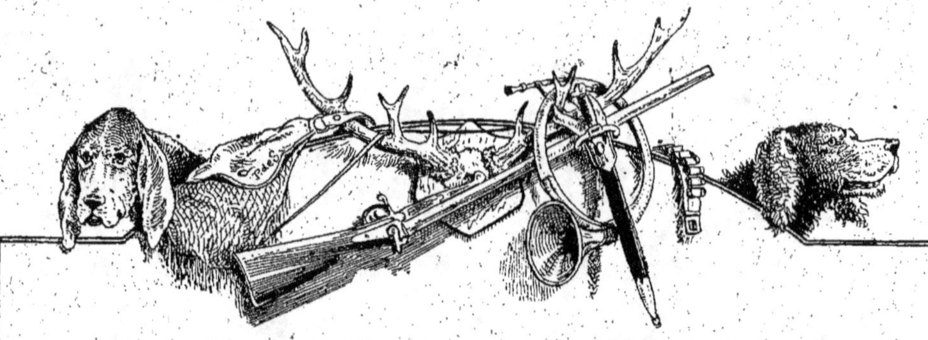

LA CHASSE A L'OURS

L'ours est à peu près le seul des grands fauves qu'on puisse chasser en Europe. Mais il en existe de nombreuses variétés en Asie, en Australie, en Amérique et dans les régions glaciales. Le tempérament et les mœurs des ours changent beaucoup selon la variété à laquelle ils appartiennent et suivant le climat qu'ils habitent.

Telle variété d'ours se nourrit presque exclusivement de fruits, de racines charnues, de jeunes pousses de végétaux, du miel des ruches d'abeilles, et ne mange de viande que par occasion. L'ours des Pyrénées fait partie de cette espèce ; il est de taille relativement petite avec la fourrure d'un brun roux et les pieds noirs.

D'autres espèces comme l'ours noir et l'ours brun de Russie et de Norwège, et en général tous les ours des climats froids, se nourrissent de gibier. De même aussi l'ours gris (*grizzly*) des prairies de l'Amérique du Nord.

On en trouve aussi plusieurs races en Asie; l'ours du Tonkin, du Thibet, l'ours cochinchinois qu'on nomme aussi l'ours des Cocotiers.

Enfin le géant de l'espèce ursine, l'ours blanc habite les régions polaires. Il se nourrit exclusivement de poissons et fait une guerre acharnée aux phoques les guettant de l'orifice du trou de la glace par lequel ces amphibies viennent reprendre respiration.

Les rares explorateurs des régions polaires ont eu souvent maille à partir avec les ours blancs ; mais ceux-ci en revanche ont été pour eux une ressource précieuse comme gibier, pendant les longs mois d'hivernage. L'ours gris de l'Amérique du Nord, est aussi un terrible adversaire, et c'est un grand triomphe pour un Indien d'avoir tué un grizzly.

Les deux races que nous venons de citer attaquent toujours l'homme. Il n'en est pas de même de l'ours des Pyrénées, qui ne le fait que poussé par la faim, ou s'il est lui-même attaqué.

Il y en a du reste relativement très peu, et leur chasse est très difficile et très fatigante, car ils habitent les hautes régions de la montagne. Pourtant quelques chasseurs s'y livrent avec passion. Cette chasse se pratique à l'affût. Il faut être très maître et de soi et très bon tireur, car un ours blessé devient féroce et la vie dépend du coup d'œil. La fourrure de l'ours des Pyrénées sans être la plus recherchée, n'en est pas moins assez estimée Elle ne vaut pas néanmoins la fourrure des ours russes ou norvégiens.

Dans ces régions, la chasse à l'ours se pratique différemment : elle est plus dangereuse encore que celle de l'ours pyrénéen, parce que l'animal est plus grand et plus fort.

L'ours de Russie habite les immenses forêts de sapins qui couvrent une grande partie de cette contrée.

On l'attaque avec des meutes de dogues qu'on nomme des molosses et quand l'animal, se dressant fait tête aux chiens, on le tire de près dans la région du cœur.

Mais il n'est pas rare, que, tout blessé qu'il soit, l'ours n'étreigne le chasseur de ses vigoureuses pattes et ne tente de l'étouffer. L'homme doit alors se défendre au couteau et n'est pas toujours vainqueur.

Le czar de Russie se livre à cette dangereuse chasse où il excelle, et entretient pour cela une meute de molosses de toute beauté.

Comme nous l'avons dit plus haut la fourrure de l'ours de Russie est très recherchée. On en fait de superbes tapis.

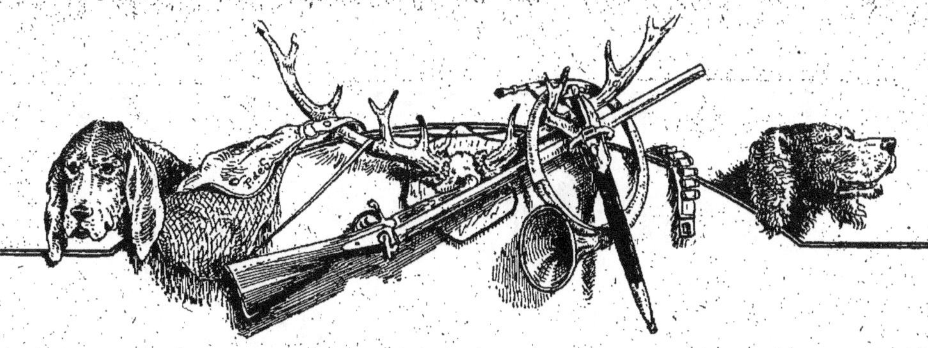

LA CHASSE A LA GAZELLE

La *gazelle* appartient à la grande famille des *antilopes d'Afrique*. C'est un délicieux animal, extraordinairement élégant et gracieux de formes. La délicatesse des formes de la gazelle est si remarquable que tous les poètes orientaux l'ont célébrée dans leurs vers.

De la taille du chevreuil de nos forêts, la gazelle est d'un fauve clair sur toute la partie supérieure du corps ; le ventre est blanc et sur chaque flanc règne une bande brune.

La tête effilée et pleine de grâce, est sensiblement analogue à celle du chevreuil; elle en diffère néanmoins par les cornes qui sont courbées, annelées et noires. Ce qui rend la tête de la gazelle plus jolie, ce sont ses yeux. Ils sont très grands, très profonds et très noirs. Les Arabes les prennent comme types de beauté, et s'ils veulent indiquer qu'une personne a de beaux yeux, ils disent : *elle a des yeux de gazelle.*

La gazelle porte un bouquet de poils rudes à chaque genou. On nomme cette touffe de poils *les brosses.*

Les gazelles vivent en troupes innombrables dans le Sud de l'Algérie, du Maroc et de la Tunisie aux confins du désert. Elles sont exposées à de nombreux dangers ; car non seulement elles sont chassées par l'homme, mais elles servent aussi de proie aux lions et aux panthères.

La chasse aux gazelles est une des plus intéressantes et des plus mouvementées qui existent.

Quand un troupeau de gazelles est signalé, tous les Arabes du district se réunissent à cheval, et amènent leurs lévriers (sloughis). — Il n'est pas rare de voir ainsi 4 à 500 cavaliers ; tous habillés de leurs costumes pittoresques et éclatants, venir prendre part à ces chasses, amenant avec eux de 200 à 500 lévriers. Une partie des cavaliers se détache, part au galop en décrivant un immense cercle pour entourer les gazelles ; pendant que les autres armés de leurs fusils se portent sur le passage du troupeau qui fuit.

Les gazelles passent comme un ouragan devant les tireurs, qui en tuent quelques unes; et le troupeau part à toute vitesse dans la direction du désert.

On lâche alors les sloughis qui partent comme des flèches à sa poursuite et les cavaliers suivent au plein galop de leurs montures.

Les lévriers finissent par s'emparer des gazelles les moins rapides, pendant que le reste du troupeau disparait au loin dans un tourbillon de poussière.

C'est alors fête au camp ! Les cornes servent de trophées, et la chair forme un repas très apprécié. — C'est, on le voit, une chasse très attrayante. Elle est du reste très goûtée et très pratiquée par les officiers en garnison dans le Sud de l'Algérie et de la Tunisie.

LA CHASSE A LA GAZELLE

LA CHASSE AU LION

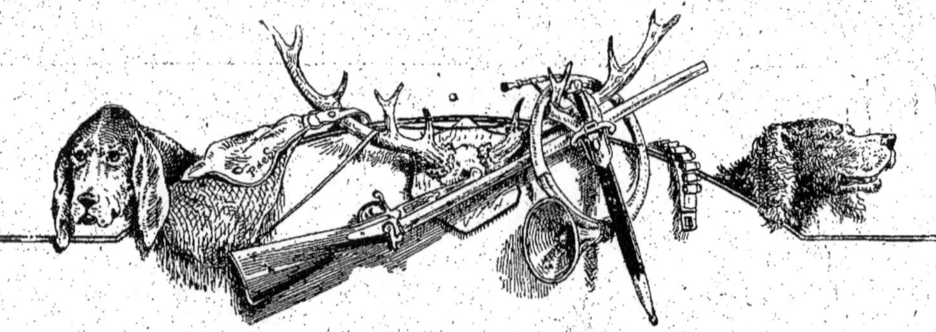

LA CHASSE AU LION

Le Lion est, avec le tigre, le plus grand carnassier de la création. Son pelage est d'un fauve roux; la crinière touffue qui orne son cou, sa tête et ses épaules est également fauve mélangée de crins noirs. Cette crinière lui donne un aspect majestueux et terrible; et c'est certainement l'aspect imposant que lui donne cette crinière qui a fait surnommer le lion *le roi des animaux*. La lionne, un peu plus fine de formes que le lion, n'a point de crinière.

On ne trouve guère le lion qu'en Afrique; encore est-il rare dans le nord; c'est surtout dans l'Afrique centrale, au fond du Sénégal, au Soudan, en Abyssinie et dans les forêts du centre, qu'on en trouve en quantités assez nombreuses. Le lion attaque rarement l'homme, il s'en prend de préférence au bétail et aux animaux des forêts. Il n'est pas rare, en effet, de voir des caravanes suivies de loin par des lions qui ne s'attaquent qu'aux animaux retardaires. Mais lorsque le lion se voit attaqué par l'homme et surtout lorsqu'il a été blessé par un chasseur, il entre en fureur et devient terrible.

Autrefois le lion était commun en Algérie. *Jules Gérard*, le tueur de lions, et *Bombonnel*, le tueur de panthères, se sont illustrés dans ce genre de chasse. Mais à l'heure actuelle ce n'est que tout à fait dans le sud ou sur les hauts plateaux qu'on rencontre encore quelques uns de ces grands fauves. La colonisation constante a refoulé le lion.

Il n'y a pas de règles fixes pour chasser un pareil ennemi. Lorsqu'un lion, par ses déprédations, signale sa présence aux environs d'un douar, (c'est ainsi qu'on nomme les villages des Arabes) on organise une battue. C'est généralement l'officier Français qui commande la région qui est le chef de cette expédition.

Les Arabes cernent l'endroit où se trouve le lion qui, le jour, dort dans un creux de roche ou sous bois. A grands cris et en tirant des coups de fusil, les Arabes réveillent l'animal et le forcent à sortir de son repaire. Il s'avance alors menaçant et essuie une première décharge de coups de feu. Quand il est blessé, malheur à celui des chasseurs qui se trouve à sa portée. D'un bond, le lion est sur lui et de sa puissante griffe il terrasse le malheureux chasseur et lui laboure le corps.

Il est rare qu'une chasse au lion se passe sans un accident de ce genre et ils sont nombreux, les Arabes qui sont morts, tués par le terrible carnassier. C'est le moment d'avoir tout son sang-froid et de viser juste, soit au défaut de l'épaule, soit à la tête, comme le fait l'officier dans notre dessin de couverture. Si vous n'êtes pas un bon tireur, vous ne devez pas affronter cette chasse. Quand un lion a été tué, c'est une fête au douar; et par une superstition invétérée, les Arabes font manger la chair et le cœur aux enfants, pensant ainsi infuser dans leur sang la force et le courage de l'animal abattu.

Jules Gérard et Bombonnel chassaient le lion à l'affût, la nuit, avec une chèvre ou un mouton comme appât. Ce genre de chasse exige encore plus de sang-froid et de coup d'œil, car le chasseur est seul et doit tuer sous peine de se voir lui-même dévoré. Pourtant ces deux hardis chasseurs sont toujours sortis vainqueurs de ces terribles aventures et sont morts, non sous la dent du lion mais bien dans leur lit.

Le lion vit généralement isolé ou avec une lionne. Seuls les lions du centre de l'Afrique vivent en bandes et chassent ensemble les nombreux troupeaux d'antilopes et de girafes qu'on rencontre dans ces solitudes. — Ces lions sont, du reste, plus petits que ceux du Sénégal ou du Sahara algérien.

Malgré son naturel sauvage, on arrive à apprivoiser le lion; mais c'est un fait anormal. Le négus d'Abyssinie en a toujours plusieurs enchaînés au pied de l'escalier de sa demeure et dans le sud de l'Algérie on en voit quelques-uns qui vivent inoffensifs et en liberté dans la cour des mosquées. Quoiqu'il en soit, le lion n'est pas un animal à ménager et on doit le détruire par tous les moyens, car il fait payer cher sa présence aux douars dont il est le redoutable voisin.

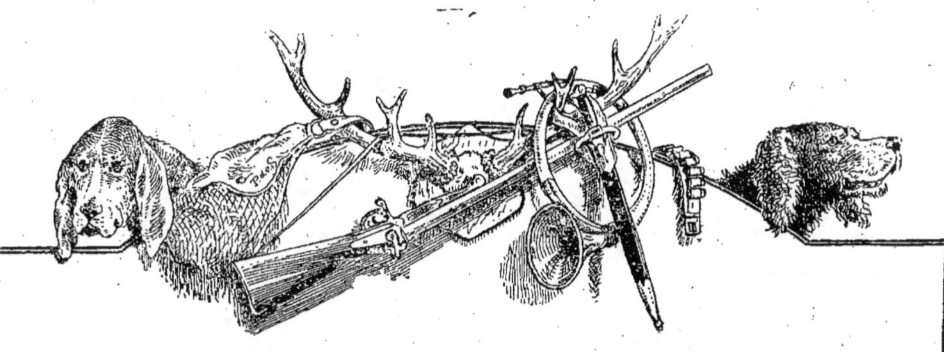

LA CHASSE AU CROCODILE

Le Crocodile est un grand amphibie de l'espèce des SAURIENS. Comme forme, c'est un animal ressemblant à un énorme lézard. Mais s'il diffère de ce dernier par la taille, il ne lui ressemble pas non plus par l'aménité du caractère. On dit, en effet, que le lézard est l'ami de l'homme, le crocodile aime également l'homme, mais pour le manger.

Il existe trois grandes espèces de ces féroces animaux. Le *Crocodile* proprement dit, habite les fleuves d'Egypte, du Soudan et de l'Afrique centrale ainsi que les grands lacs de cette région. Cette race atteint parfois des dimensions considérables. C'est le plus gros de toutes les espèces. Le *gavial*, plus petit, infeste les rivières de l'Inde et en général tous les fleuves du Sud de l'Asie. Plus petit que le crocodile d'Afrique, il est aussi féroce que lui. Enfin l'*alligator*, sensiblement analogue au *gavial*, habite les grands fleuves de l'Amérique du Sud. Ces trois espèces ont à peu près les mêmes mœurs ; aussi ce que nous allons décrire des habitudes du crocodile s'applique-t-il également au gavial et à l'alligator.

Le crocodile est recouvert d'une peau très épaisse, laquelle est elle-même protégée par une véritable cuirasse d'écailles en corne très dure, ce qui le rend presque invulnérable, sauf sous le ventre où la peau est plus mince.

Doué par la nature d'un appareil respiratoire spécial, il peut, après avoir largement respiré à la surface, rester longtemps sous l'eau. Néanmoins il affectionne les terrains vaseux couverts de roseaux touffus qui couvrent les rives; il s'y vautre et y dort des journées entières, immobile sous le soleil, pareil à une longue souche d'arbre apportée là par le flot. Il fuit l'homme quand celui-ci le poursuit à terre et cherche immédiatement un refuge dans le lit du fleuve. Mais là il est vraiment dans son élément et quand il nage à fleur d'eau près du bord, malheur à l'homme ou à l'enfant qui passe près de sa terrible mâchoire : il est happé, saisi par les dents aiguës du monstre et entraîné dans les profondeurs de l'eau où le crocodile le dévore à loisir. Les bestiaux qui viennent boire à la rivière sont entraînés de même et disparaissent.

On chasse le crocodile par tous les moyens, par le piége, à la lance, au fusil, mais sa fécondité est tellement prodigieuse qu'il semble que plus on en tue, plus il en revient.

Les nègres du Soudan emploient pour capturer le crocodile un procédé peu connu et rempli de dangers; nous le reproduisons dans notre gravure. Armé d'un simple morceau de bois de fer très aigu des deux côtés et muni de deux arrêts du même bois, un nègre s'étend sur la rive et feint de dormir. Il a eu soin d'attacher le morceau de bois que nous décrivons à un arbre à l'aide d'une forte corde. Un autre nègre se tient derrière l'arbre prêt à tirer sur cette corde.

Le crocodile s'approche lentement du faux dormeur, sort à moitié de l'eau et ouvre les mâchoires pour saisir sa proie. A cet instant le nègre, prompt comme l'éclair, se redresse et enfonce son morceau de bois dans la gueule ouverte du monstre, dont elle perce les mâchoires. On tire alors l'animal sur la rive où on l'achève.

C'est, on le comprend, une chasse émouvante et dangereuse.

Les Européens chassent le crocodile au fusil mais il faut viser et toucher à l'œil sans quoi la balle frappe la carapace du crocodile sans l'entamer. On utilise la peau et les écailles à divers ouvrages de maroquinerie et l'usage s'en est assez généralisé pour que la chasse du crocodile soit devenue un véritable métier pour ceux qui s'y livrent.

LA CHASSE AU CROCODILE

Posté derrière un rideau de bambous, près du ruisseau où viennent se désaltérer les éléphants, le chasseur attend. Tout-à-coup, au bout de la prairie, apparaissent les monstrueux animaux. Ils approchent, mais avec leur flair développé, ils éventent l'ennemi. C'est le moment ! Épaulant sa carabine, le chasseur vise, à l'œil ou au défaut de l'épaule : la balle qui va frapper l'éléphant est une balle explosible qui foudroyera le colosse ; et l'ivoire des défenses sera le prix du danger couru et de l'adresse déployée par le chasseur.

LA CHASSE A L'ÉLÉPHANT

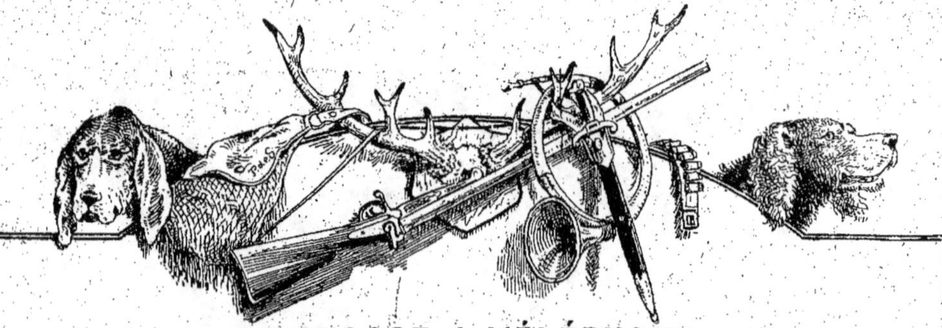

LA CHASSE A L'ÉLÉPHANT

L'éléphant est le plus grand des quadrupèdes connus. Il en existe deux races : l'éléphant d'Asie et l'éléphant d'Afrique.

L'éléphant d'Asie est plus haut que son congénère africain ; il existe bien peu à l'état sauvage car on a tiré parti de ses qualités de force et d'intelligence et on l'a domestiqué.

Dans les Indes, dans le royaume de Siam, au Cambodge, on l'a utilisé pour tous les travaux. L'éléphant laboure, porte des fardeaux, aide l'homme dans la chasse au tigre, et même à la guerre ; car il existe aux Indes des éléphants de guerre. Bien mieux ! on a vu des éléphants spécialement chargés de la garde des petits enfants et qui s'acquittaient de leur tâche comme de véritables nourrices.

Pour donner une preuve de l'intelligence de ces énormes animaux, nous citerons l'histoire bien connue de cet éléphant qu'on avait dressé à pomper de l'eau pour remplir une grande auge de pierre. — Un jour, par suite de l'affaissement du terrain, l'auge ne pouvait se remplir. L'éléphant réfléchit un instant, alla chercher une grosse pierre, souleva l'auge avec sa trompe et poussa la pierre dessous avec son pied pour la remettre d'aplomb. N'est-ce pas véritablement merveilleux ?

L'éléphant a un organe précieux pour lui ; c'est sa trompe. La trompe sert de mains et de bras à l'éléphant. Il cueille à l'aide de cet organe des fruits pour sa nourriture ; il s'en sert pour se frayer un chemin à travers bois, et sa force est telle qu'il peut déraciner sans effort des arbres déjà grands.

Il possède aussi une arme terrible ; ce sont les deux longues dents qui garnissent sa bouche et qu'on nomme défenses.

L'éléphant d'Afrique un peu plus petit que celui d'Asie vit à l'état sauvage dans les grands pâturages solitaires de l'Afrique australe où il s'y rencontre par grandes troupes. Les Européens et les nègres le chassent avec passion pour conquérir ses fameuses défenses qui fournissent l'ivoire et qu'on vend très cher.

Les Européens le chassent généralement à la carabine et à balle explosible. On l'attend à l'affût près de son abreuvoir. Il faut pour cette chasse de très bonnes armes, portant très juste et douées d'une grande force de pénétration, car la peau de l'éléphant est très épaisse, et il faut le tuer du premier coup sous peine de se voir poursuivi, atteint et broyé sous ses pieds formidables :

Les nègres emploient un piège des plus originaux.

Ils garnissent une énorme masse de bois de longues pointes en fer dirigées vers la terre. Cette masse est suspendue à une forte liane qu'on passe sur une branche, et qu'on fixe à des branchages qui obstruent le sentier fréquenté par les éléphants.

Pour se frayer passage, l'éléphant à l'aide de sa trompe et de ses défenses, brise les obstacles qui lui sont opposés : mais en broyant les branches qui l'empêchent de continuer sa route, il détache la liane, et la masse de bois, n'étant plus retenue, vient tomber sur lui de tout son poids, lui brise la colonne vertébrale en même temps que les pointes de fer transpercent son corps.

On prend aussi l'éléphant dans des fosses très profondes, qu'on recouvre de branches légères qui s'effondrent sous son énorme poids.

Nous avons dit que les défenses de l'éléphant constituaient un commerce considérable. Les nègres et les Cafres mangent aussi sa viande, surtout le dessous du pied, et se fabriquent des boucliers et des cuirasses avec sa peau.

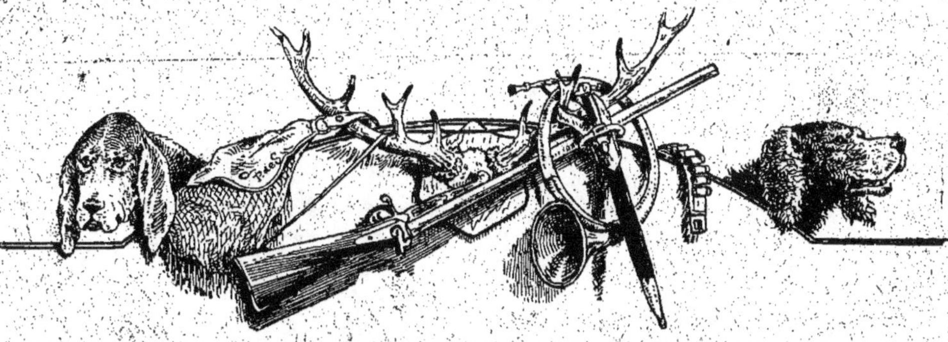

LA CHASSE AU RHINOCÉROS

Le nom que les naturalistes ont donné à cet animal est tiré du *grec* et signifie : *animal ayant une corne sur le nez.*

C'est effectivement ce qui frappe le plus l'observateur à la première inspection du rhinocéros, et c'est cette corne bizarrement plantée qui en fait un être à part, un colosse étrange qui rappelle par certains côtés les animaux *antédiluviens.* Le Rhinocéros appartient à l'espèce des *pachydermes ordinaires.* Sa conformation presque incohérente participe à la fois de l'hippopotame et de l'éléphant, comme aspect général.

Aucune élégance, aucune grâce dans cet animal. On dirait une image grossière taillée à coups de hache dans un tronc d'arbre colossal.

La tête a beaucoup d'analogie, comme forme, avec celle du cochon. Le *chanfrein,* c'est à dire la partie qui va du front au nez, est creux et la partie du nez qui se trouve directement au-dessus des narines est garnie d'une longue défense courbe et aiguë.

Certaines espèces possèdent deux cornes. Cette corne, quand on l'examine attentivement, a l'air d'être formée d'une quantité de longs poils agglutinés les uns aux autres. Les membres du rhinocéros sont courts et trapus ; l'extrémité est garnie de doigts énormes enfermés chacun dans une gaine de corne, comme des sabots de cheval accolés les uns aux autres.

La peau est dure, grumeleuse et sèche ; sa couleur est d'un gris violacé. Elle forme pour l'animal une véritable cuirasse, absolument impénétrable à la balle et, à plus forte raison, pour les flèches ou tout autre projectile. A l'endroit des articulations, elle est sillonnée de plis profonds qui offrent une épaisseur moindre.

Le rhinocéros est d'un naturel brutal, mais non pas féroce. Il ne le devient que s'il est blessé ou attaqué. Il se nourrit d'herbes et de pousses d'arbres. Affectionnant les endroits humides, il se vautre dans les mares et s'y endort volontiers.

Son cri, analogue au grognement du sanglier, devient aigu dans la colère.

Sa taille atteint parfois 2 m. 90 à 3 m. 25 de long sur 1 m. 60 à 1 m. 90 de haut ; et pourtant malgré sa masse énorme, sa course est assez rapide pour atteindre un cheval au galop.

Il y a plusieurs espèces de rhinocéros :

Le *rhinocéros des Indes,* le *rhinocéros* de Java qui sont *unicornes.*

Le *rhinocéros* d'Afrique dont certains sont *unicornes* et d'autres *bicornes.*

Les indigènes et les Boërs (colons européens) du Transwaal chassent volontiers le rhinocéros, tant pour la peau qu'on utilise pour toutes sortes d'ouvrages, que pour la chair, qui cependant est loin d'être agréable.

On le chasse à pied, à cheval et à l'affût ; mais dans tous les cas il faut du sang-froid et beaucoup d'adresse, car c'est un adversaire impitoyable s'il est blessé ou même frappé par une balle. Il est nécessaire aussi d'être un parfait cavalier. C'est un épisode de ces chasses mouvementées que représente notre dessin.

LA CHASSE AU RHINOCÉROS

O Blotti dans les hautes herbes, le tigre, voyant les chasseurs approcher, a bondi ! L'éléphant prend l'attitude de combat, les défenses et la trompe en avant pour recevoir l'ennemi. Mais le brave éléphant n'aura pas besoin de combattre car un des chasseurs a tiré le tigre, pour ainsi dire au vol. La bête féroce pousse un rauquement plaintif et va retomber sur le sol, mortellement blessée. C'est fini pour elle d'être la terreur de la contrée : elle ne mangera plus de chair humaine et sa fourrure deviendra un superbe tapis.

LA CHASSE AU TIGRE

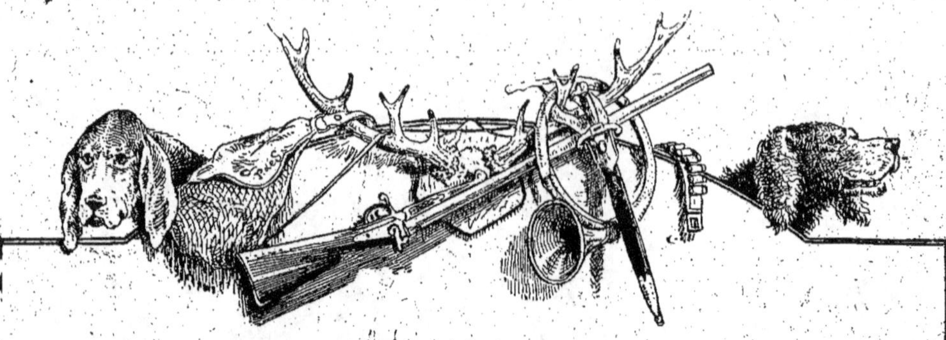

LA CHASSE AU TIGRE

Le tigre est le fléau des Indes, de l'Indoustan, de l'Indochine, du Tonkin, de l'Annam, en un mot de tout le Sud de l'Asie, ainsi que des îles de la Malaisie.

Il pullule surtout dans les Indes et en Cochinchine. Audacieux quoique prudent, il rôde la nuit jusqu'aux portes des villages, cherchant à enlever le premier homme ou le premier animal qui se trouve à portée de sa griffe meurtrière. On ne pourrait pas compter le nombre d'indigènes que la dent du tigre a déchirés.

C'est un carnassier de grande taille, ayant exactement, mais en grand, la structure du chat.

Sa fourrure est admirable, d'un jaune orange zébré de superbes bandes noires, le ventre est blanc.

La tigresse ne diffère pour ainsi dire pas du mâle, sinon par un peu plus de finesse dans les formes. Contrairement à son congénère le lion, le tigre est féroce par tempérament ; il tue pour tuer ; il aime le sang ; il attendra le passage d'un paysan, pour bondir sur lui, lui ouvrira le crâne d'un coup de griffe, léchera quelques gouttes de sang, et laissera là le cadavre.

Il est compréhensible, qu'ayant pour voisin habituel un pareil ennemi les indigènes aient cherché tous les moyens de s'en débarrasser.

Pièges, chausse trappes, chasse à découvert, tout a été inutile; au point que jusque dans les environs d'Hanoï, au Tonkin, il ne se passe pas de jour que des hommes, des femmes ou des enfants ne disparaissent; et le rauquement lugubre des carnassiers se fait entendre des nuits entières autour des villages. L'administration coloniale a même essayé de les empoisonner. Peine perdue ! Quelques fauves seuls ont succombé à la tentation de manger l'appât empoisonné, et les tigres ont continué à pulluler de plus belle.

Beaucoup d'Européens, surtout des officiers se livrent à cette chasse dangereuse; beaucoup y sont morts. Les chasseurs heureux peuvent, lorsqu'ils montrent comme trophée la peau d'un tigre qu'ils ont tué, dire qu'ils ont affronté le plus grand danger qui existe. Un capitaine d'infanterie de marine, nous a montré 6 peaux de tigres, tous tués de sa main à l'affût de nuit. Mais ceux là sont rares.

Dans les Indes, on chasse le tigre d'une façon plus pratique. On dresse des éléphants porteurs, à cette chasse.

Les tireurs placés sur un palanquin que porte l'éléphant pénètrent dans la jungle c'est-à-dire dans la forêt de bambous et de hautes herbes où sont blottis les tigres. L'animal voyant les chasseurs approcher, s'élance sur l'éléphant pour grimper jusqu'au palanquin. Il y arrive rarement; soit que les tireurs l'aient tué de leurs coups de feu, soit que l'éléphant lui-même l'ait entouré de sa trompe, broyé sur le sol, et percé d'un coup de ses défenses.

Cette chasse passionne les officiers anglais en garnison aux Indes et rapporte de superbes trophées aux adroits tireurs, car il n'est plus merveilleux tapis qu'une belle peau de tigre.

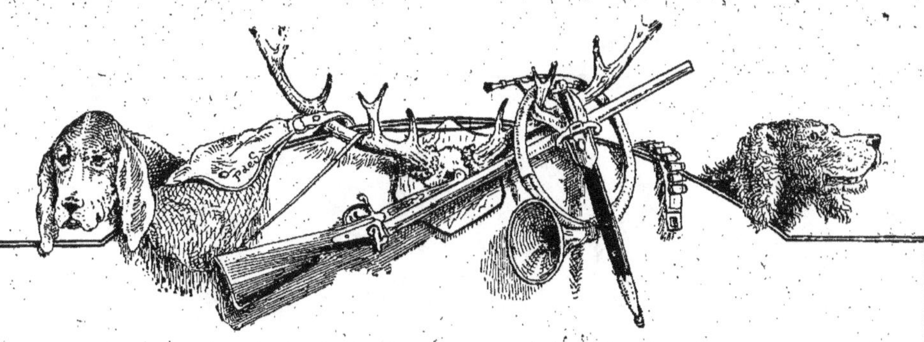

LA CHASSE AU BISON

Le Bison habite les immenses plaines de l'Amérique du Nord, depuis les confins du Canada jusque près du Texas.

C'est une sorte de bœuf sauvage plus grand et plus fort que le taureau domestique ; son dos est surélevé en forme de bosse et son front, son menton et ses épaules sont recouverts d'un long poil laineux qui forme crinière. Sa couleur est d'un brun foncé.

La femelle, plus petite, n'a pas la crinière développée du mâle.

Les bisons vivent par troupes nombreuses, sous la conduite d'un vieux mâle. Il n'est pas rare de les voir rassemblés par milliers et paissant paisiblement dans les grandes vallées. Leur chair est bonne et pendant la construction du chemin de fer de New-York à San-Francisco, c'est la viande de bison qui a, en grande partie, constitué la nourriture des travailleurs.

On en tua des milliers à cette époque et la pénétration des pionniers américains dans les prairies jusqu'alors désertes a refoulé le bison dans les dernières solitudes qui restent encore aux Etats-Unis. Bientôt, peut-être, cette race d'animaux aura complètement disparu.

Quand ils ont habité quelque temps un pâturage et que l'herbe leur fait défaut, ils émigrent par grandes masses vers une autre région. Malheur, alors, à ce qui se trouve sur leur passage ! Le galop furieux de leur troupe compacte broie tout, écrase tout. On a vu des trains arrêtés par le passage d'une émigration de bisons et des wagons renversés et brisés par leur choc.

Si leur chair est bonne, leur fourrure est également utilisable, non qu'elle soit d'une grande finesse, mais elle garantit du froid et fait d'excellents lits dans les campements. Les Indiens s'en servent également après que la peau en a été séchée au feu pour couvrir leurs huttes de branchages. Ils utilisent aussi le crâne du bison qu'ils font sécher au soleil pour se faire des sièges rudimentaires.

Les Américains et les Indiens chassent beaucoup le bison.

Ceux qui le chassent à pied risquent fréquemment leur vie, car le bison blessé revient sur le chasseur.

La meilleure méthode est celle-ci : plusieurs chasseurs, montés sur de très bons chevaux, entourent d'un grand demi-cercle le troupeau qu'ils convoitent.

Quand le demi-cercle est formé, les chevaux sont lancés au galop et les cavaliers poussent de grands cris, effrayant ainsi les bisons qui partent à fond de train devant les chasseurs. Chaque homme choisit un animal qu'il sépare du troupeau et quand il arrive à galoper flanc à flanc, il le tue d'un coup de feu. Si le bison n'est que blessé, le cavalier prend du champ à toute vitesse et lâche son second coup de feu, plusieurs s'il le faut, car on se sert de carabines à répétition et achève l'animal.

On voit que cette chasse exige toutes les qualités du bon chasseur : courage, vigueur, sang-froid, adresse dans le tir et excellence dans l'équitation.

Imprimerie PAUL AUGUSTE-GODCHAUX & Cie

Imprimé sur *Machines Rotatives* brevetées s. g. d. g.

LA CHASSE AU BISON